CON GRIN SUS CONOCIMIENTOS VALEN MAS

- Publicamos su trabajo académico, tesis y tesina

- Su propio eBook y libro - en todos los comercios importantes del mundo

- Cada venta le sale rentable

Ahora suba en www.GRIN.com
y publique gratis

Bibliographic information published by the German National Library:

The German National Library lists this publication in the National Bibliography; detailed bibliographic data are available on the Internet at http://dnb.dnb.de .

Imprint:

Copyright © 2018 GRIN Verlag
Print and binding: Books on Demand GmbH, Norderstedt Germany
ISBN: 9783668653443

This book at GRIN:

https://www.grin.com/document/415431

José Raúl Pérez Martínez

Los gráficos estadísticos. Sus diferentes tipos y usos para aportar claridad a un informe de investigación

GRIN Verlag

GRIN - Your knowledge has value

Since its foundation in 1998, GRIN has specialized in publishing academic texts by students, college teachers and other academics as e-book and printed book. The website www.grin.com is an ideal platform for presenting term papers, final papers, scientific essays, dissertations and specialist books.

Visit us on the internet:

http://www.grin.com/

http://www.facebook.com/grincom

http://www.twitter.com/grin_com

Índice (Index):

PÁGINA DE PRESENTACIÓN

Título: Los gráficos estadísticos: Sus diferentes tipos y usos para aportar claridad a un informe de investigación.

Title: Statistical graphics: Their different types and uses to provide clarity to a research report.

Autor: José Raúl Pérez Martínez

Author: José Raúl Pérez Martínez

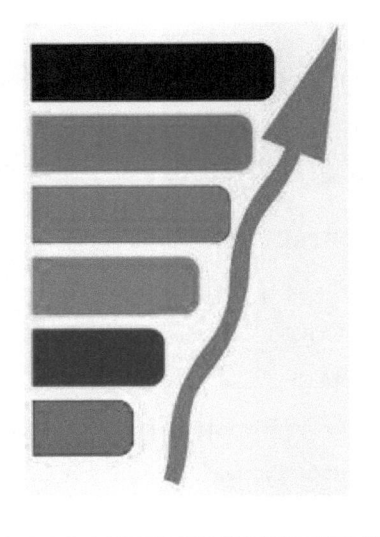

Notas del autor: Las Imágenes que encontrará en este ensayo académico disponen de licencia Creative Commons 0 (CC0) y han sido obtenidas en http://Pixabay.com. Las referencias bibliográficas presentes en esta obra se encuentran acotadas según Normas Vancouver.

Todos los gráficos presentes en este ensayo académico constituyen ejemplos hipotéticos, sus valores numéricos fueron escogidos arbitrariamente por el autor. En la construcción de los gráficos se utilizó la aplicación Microsoft Word Versión 2010.

Author's notes: The images that you will find in this academic essay have Creative Commons license 0 (CC0) and have been obtained in http://Pixabay.com. The bibliographical references present in this work are limited according to Vancouver Norms.

All graphics present in this academic essay are hypothetical examples; their numerical values were chosen arbitrarily by the author. In the construction of the graphics the Microsoft Word Version 2010 application was used.

RESUMEN:

El presente constituye un ensayo académico dirigido a examinar, con cierto grado de detalle, qué es un gráfico estadístico, su concepto y definición, en qué consiste el mismo. En aras de facilitar la selección del gráfico estadístico más adecuado a las necesidades del momento, se clasifican a los mismos en función del número y tipo de variables que pueden representar, así como a la forma en que pueden reflejarse los datos procedentes de las variables que estos emplean, ya sea que se traten de cifras porcentuales, proporcionales o medidas de resumen. La construcción del gráfico estadístico es abordada desde sus elementos constitutivos, así como los aspectos a considerar para su construcción. Debido a la importancia que reviste el conocimiento de las variables, su clasificación y la utilización de estas por parte de los gráficos; se aborda a nivel conceptual este tema, con énfasis en las aristas que perfilan la definición de variable, los aspectos a considerar para poder afirmar que un valor dado puede ser tratado como variable, así como la forma de clasificar a dichas variables de acuerdo a los atributos o características susceptibles de ser estudiadas que aporte cada caso.

Palabras clave: gráficos, gráficos estadísticos, variables estadísticas, variables cualitativas, variables cuantitativas

ABSTRACT:

The present is an academic essay aimed at examining, with a certain degree of detail, what a statistical graphic is, its concept and definition, what it consists of. In order to facilitate the selection of the most suitable statistical graphic to the needs of the moment, they are classified according to the number and type of variables that they can be represented, as well as to the way in which the data coming from the variables can be shown, whether they are percentage figures, proportional or summary measures. The construction of the statistical chart is approached from its constituent elements, as well as the aspects to be considered for its construction. Due to the importance of the knowledge of the variables, their classification and the use of these by the graphics; this topic is addressed at a conceptual level, with emphasis on the edges that outline the definition of variable, the aspects to be considered in order to affirm that a given value can be treated as a variable, as well as the way to classify such variables according to the attributes or characteristics susceptible to be studied that contribute each case.

Keywords: graphs, statistical graphs, statistical variables, qualitative variables, quantitative variables

INTRODUCCIÓN:

A un excelente estudiante de medicina sus profesores le han encargado que se ocupe de la graficación de un informe final de investigación. Para lograr esto, el estudiante deberá apoyarse en los conocimientos recibidos en sus asignaturas de Estadística Descriptiva y Estadística Inferencial, entre otras.

Se trata de un trabajo arduo que implica identificar las variables consideradas en el estudio y declaradas en el acápite de Diseño Metodológico, en el cual se localiza la Operacionalización de las variables, la cual define cuáles variables se emplearon, las clasifica y acota qué escalas de clasificación fueron utilizadas en cada caso.

Una vez que haya quedado claro esto, el estudiante deberá leer cuidadosamente el informe final de investigación con el objetivo de identificar patrones de comportamiento del fenómeno sujeto a estudio; sus rasgos fundamentales, los hallazgos estadísticos presentes en el informe y la interrelación, vínculo o nexo entre las variables estadísticas empleadas.

Los elementos más importantes deberán "saltar a la vista" al ser incluidos en los gráficos estadísticos. Las tablas multidimensionales, ya de por sí complejas de leer, recibirán la ayuda de un conjunto de representaciones visuales simbólicas que pondrán a relieve los aspectos más importante del contenido estadístico presente en ellas, lo cual se verá apoyado a su vez por los comentarios de los autores.

El estudiante deberá ser paciente, probar diferentes variantes de gráficos, consultar a los especialistas en estadística y bioestadística, hasta encontrar la combinación más armónica posible. No se trata de abarrotar el texto con "ayudas visuales" que levanten más interrogantes que soluciones, se trata de dar a conocer resultados, hacer que estos contrasten con otros ya conocidos, lograr que se aprecien diferencias y significaciones matemáticas y estadísticas pasarían desapercibidas en una densa tabla de resultados.

Los gráficos estadísticos constituyen un complemento de las tablas o cuadros estadísticos que les dan origen, toda vez que estos constituyen la fuente de donde provienen los datos que nutren al gráfico, a pesar de ello, estos últimos deben poder explicarse por sí solos, sin que exista la necesidad de acudir a la tabla para poder comprender la información representada gráficamente. También debe evitarse cargar innecesariamente al gráfico, pues una sobreabundancia de datos y elementos puede tornarlo denso y afectar su comprensión. En los gráficos estadísticos se agradece que los datos más relevantes "sean enfocados con claridad meridiana", que sean reconocidos por el observador "a vuelo de pájaro" puesto que este hecho proyecta luz sobre el texto acompañante y sobre las tablas estadísticas a las que ya se hizo referencia.

Aunque el caso aquí reflejado del estudiante de medicina constituye un hecho hipotético, planteado únicamente para ilustrar la importancia que reviste la aplicación de los gráficos estadísticos en un texto científico dado, lo cierto es que los estudiantes y especialistas de las más disímiles ramas del saber deben hacer uso de estos auxiliares visuales, por lo que es importante que conozcan sus particularidades, los diferentes tipos de gráficos disponibles, además de las variables y sus tipos.

El presente ensayo académico dirige su mirada al tema de los gráficos estadísticos, su concepto y definición, en qué consisten estos, así como a abordar algunos tipos de gráficos de uso muy común en el ámbito de las ciencias médicas. Se aborda también el tema de las variables estadísticas y su clasificación, como elemento de obligatorio conocimiento para la adecuada selección y construcción de los gráficos estadísticos y para lograr que estos cumplan la misión que les corresponde hacia el interior de cualquier texto especializado.

DESARROLLO:

Qué son los gráficos estadísticos.

Los hombres y mujeres de ciencias que han dedicado décadas de sus vidas a la investigación científica, conocen esta regularidad: sin importar los esfuerzos que se lleven a cabo, siempre existirán informes finales de investigación que, por el grado de complejidad de sus estadígrafos, así como por los métodos y técnicas empleados en su diseño metodológico, necesitan de una 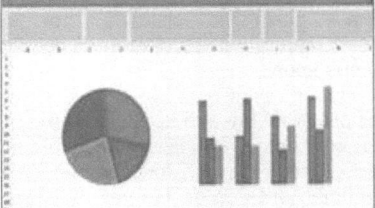 batería completa de gráficos estadísticos para sacar a la luz los resultados más importantes, inmersos en la enmarañada madeja de datos y hallazgos presentes en las complejas tablas multidimensionales y los textos redactados por los investigadores en acompañamiento a estas tablas.

En casos como estos, es necesario un recurso que le de relieve a la información más valiosa, a los corolarios resultantes del análisis e interpretación de los datos, de modo tal que "salten a la vista" estos elementos primarios y nos muestren cuáles son los patrones estadísticos y las principales tendencias inherentes al comportamiento fenoménico del objeto sujeto a estudio y escrutinio.

Esas "aves capaces de sostener en sus alas" a los elementos aquí señalados son los gráficos estadísticos, los cuales han sido utilizados por generaciones de especialistas, entre los que se encuentran los propios matemáticos, los estadísticos y bioestadísticos, los expertos en modelación, entre tantos otros.

Un gráfico es, además, la representación a nivel visual o esquemática de un conjunto de datos numéricos mediante uno o más elementos (líneas, barras u otros objetos) que permiten hacer visible y resaltar la relación entre dichos datos, por esta razón es común encontrar frases como: "El presente gráfico muestra la distribución de la enfermedad según grupos etáreos", "El gerente me pidió un gráfico comparativo donde se muestren los gastos de nuestra última operación publicitaria y las ventas del producto generadas durante el último mes".

Los gráficos estadísticos constituyen un complemento de las tablas o cuadros estadísticos que les dan origen, toda vez que estos constituyen la fuente de donde provienen los datos que nutren al gráfico, a pesar de ello, estos últimos deben poder explicarse por sí solos, sin que exista la necesidad de acudir a la tabla para poder comprender la información representada gráficamente. También debe evitarse cargar innecesariamente al gráfico, pues una sobreabundancia de datos y elementos puede tornarlo denso y afectar su comprensión. En los gráficos estadísticos se agradece que los datos más relevantes "salten a la vista", que sean reconocidos por el observador "a vuelo de pájaro" puesto que este hecho proyecta luz sobre el texto acompañante y sobre las tablas estadísticas a las que ya se hizo referencia.

Características generales de los gráficos:

Aunque en el ámbito estadístico se puede encontrar una amplia variedad de gráficos, empleados con fines muy diversos y para la representación de los valores contenidos en una extensa diversidad de variables, a las cuales se les puede haber aplicado diversas escalas de representación de datos, en esencia se puede aseverar que existe un conjunto de características generales asociadas a los gráficos estadísticos, que deben observarse en la construcción de estos y que a continuación se abordarán:

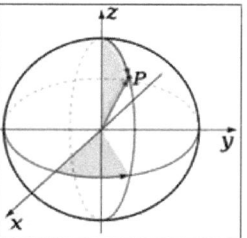

> Por lo general los gráficos se inscriben en los ejes de coordenadas cartesianas o ejes rectangulares. Se trata de *"…un sistema bidimensional, que se denomina plano cartesiano. El punto de intersección de las rectas, por definición, considera como el punto cero de las rectas y se conoce como origen de coordenadas. Al eje horizontal o de las abscisas se le asigna los números reales de las equis ("x"); y al eje vertical o de las ordenadas se le asignan los números reales de las yes ("y"). Al cortarse las dos rectas, dividen al plano en cuatro regiones o zonas, que se conocen con el nombre de cuadrantes".* [1]

> Ha de tenerse en cuenta que, a efecto de la confección de estos gráficos, dichos ejes deben disponer de una longitud igual o muy similar, aunque se acepta como máximo que el eje X sobrepase hasta 1,5 veces al eje Y. Esto evita la introducción de falacias.

> Los ejes deben disponer de una adecuada rotulación identificativa: Por el eje X son representadas las variables con su escala de clasificación, mientras en el eje Y se sitúa la distribución de frecuencias o medida de resumen empleada.

> De ser posible, ambos ejes deben tener como origen el punto 0,0.

> Siempre que se pueda deben utilizarse números redondos, no fraccionarios, aunque esto implique la previa aproximación por exceso o defecto de los valores que serán representados.

> En todos los casos ha de evitarse el exceso de divisiones de los ejes.

En la actualidad, ha proliferado una amplia variedad de sistemas automatizados y paquetes estadísticos que permiten la generación de gráficos estadísticos. En todos los casos el usuario deberá pulir los detalles de cada gráfico construido por el sistema, así como escoger qué tipo de gráfico es el más aconsejable para cada caso. No se debe permitir que los softwares asuman todo el trabajo sin que el resultado final sea valorado por un experto.

Nota del autor: Las Imágenes que encontrará en este ensayo académico disponen de licencia Creative Commons 0 (CC0) y han sido obtenidas en http://Pixabay.com. Las referencias bibliográficas presentes en esta obra se encuentran acotadas según Normas Vancouver.

Elementos constitutivos de los gráficos estadísticos:

Existe un conjunto básico de elementos que componen a casi todo gráfico, los cuales serán mencionados a continuación:

> Identificación: Consiste en la enumeración consecutiva de los gráficos presentes en un informe final de investigación, artículo científico u otro documento similar. Cuando en uno de estos textos se dispone de un gráfico por cada tabla estadística, es lógico que ambos elementos compartan el mismo número identificativo, cuando no ocurre así la numeración no será coincidente. Ejemplo: Gráfico No. 1, Gráfico No. 2, etc.

> Título: Los gráficos heredarán el mismo título de la tabla que le dio origen. Por lo general las tablas emplean un título en el que dan respuesta a cuatro preguntas básicas, a saber: Qué (qué se datos se están representando), cómo (en qué modo están organizados estos datos), dónde (a qué territorio se circunscriben los datos presentados) y cuándo (a qué espacio de tiempo se circunscriben los datos presentados). Cada gráfico hace suyo exactamente el mismo título de la tabla que lo originó, en el mismo orden.

> Gráfico propiamente dicho.

> Fuente: Aquí se consigna la identificación de la tabla que dio origen al dato, toda vez que fue de ella de donde se obtuvieron los valores estadísticos.

> Notas explicativas: Estas se emplean cuando el autor considera aclarar algo, ya sea en lo concerniente al título, al cuerpo de la tabla, al uso de algún estadígrafo o medida de tendencia central, en fin: cuando el autor del informe estadístico desea evitar que el lector tenga inconvenientes en la interpretación de la información estadística aportada.

> Leyenda: Se utiliza con el fin de identificar los elementos constitutivos del gráfico (barras, sectores, etc.) con su correspondiente origen.

Algunos gráficos estadísticos más utilizados en el ámbito de la salud.

En el ámbito de la salud, existen un conjunto de gráficos estadísticos de notable utilidad y de fácil construcción, los cuales pueden clasificarse en función del número y tipo de variables que son capaces de representar, a continuación se enumeran los mismos y se procederá a describir los elementos a tener en cuenta para la correcta construcción de algunos de ellos.

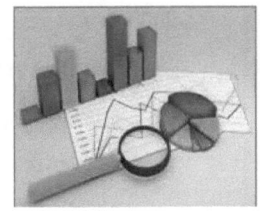

> Gráfico de barras simples.
> Gráfico de sectores, también conocido como gráfico de pastel o circular.
> Gráfico de barras múltiples.
> Gráfico de barras compuestas.
> El Histograma.
> El polígono de frecuencias.

El gráfico de barras simples:

En general, todos los gráficos estadísticos deberían permitir a sus creadores la representación de un conjunto de datos de forma fácil y comprensible, así como en un formato visualmente atractivo. Este es el caso por excelencia del gráfico de barras simples; los mismos permiten la comparación clara de diferentes valores en el tiempo, siempre procedentes de una sola variable, sea esta cualitativa o cuantitativa discreta. Los gráficos de barras son de dos tipos: horizontales y verticales, lo cual dependerá de la orientación de las barras de la gráfica en relación a sus ejes. [2]

En este caso las barras aparecen separadas por una distancia igual a la mitad del ancho de las mismas, dichas barras representan a las categorías de la variable en estudio (una sola variable) y la información se refleja en frecuencias absolutas o relativas, o en medidas de resumen.

Elementos a considerar en su construcción:

- Las barras han de quedar separadas entre sí, lo cual reforzará la impresión de discontinuidad de la variable representada.
- El ancho de las barras deberá ser el mismo en todas y para este deberá considerarse el espacio disponible en total y el número de barras a representar.
- La separación entre las barras debe ser igual a la mitad del ancho de que presentan las mismas.
- Resulta aconsejable colocar las barras en orden creciente o decreciente en los casos en que se estén representando los valores de una variable nominal, esto incrementa la legibilidad del gráfico y hace factible localizar los valores más pequeños así como visualizar cuáles son las categorías que exhiben las cifras más altas.
- En el gráfico se representarán tantas barras como categorías presente la variable.
- Las barras pueden insertarse tanto en el eje horizontal como en el eje vertical, el gráfico de barras simples verticales es el más común, pero es apetecible acudir a su variante vertical, cuando se desea incrementar la visualización de las diferencias en los valores de las diferentes categorías, esto dependerá del objetivo que persigue el creador del gráfico y los elementos que quiere que queden más a la vista del lector.
- Este gráfico se genera en función de tablas unidimensionales, como son las tablas de frecuencia o similares.

Ejemplo de un gráfico de barras simples:

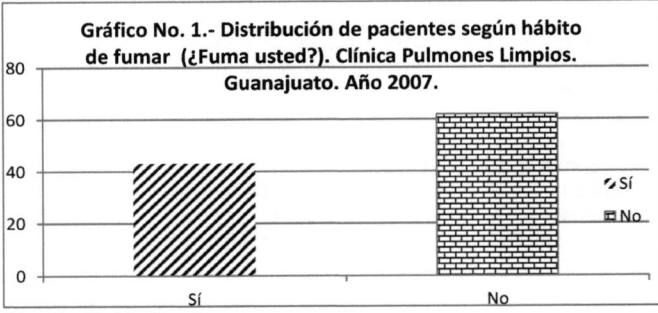

Gráfico No. 1.- Distribución de pacientes según hábito de fumar (¿Fuma usted?). Clínica Pulmones Limpios. Guanajuato. Año 2007.

Fuente: Tabla No. 1

Nota del autor: Todos los gráficos presentes en este ensayo constituyen ejemplos hipotéticos, sus valores numéricos fueron escogidos arbitrariamente por el autor.

El gráfico de sectores o pastel, también conocido como gráfico circular:

Este ha recibido un conjunto variado de nombres, se le conoce como: gráfico circular o gráfica circular, gráfico de pastel, gráfico de tarta, gráfico de torta o gráfica de 360 grados. Se trata de un recurso estadístico que se empleado para representar frecuencias relativas porcentuales y proporcionales. El número de elementos que son comparados dentro de una gráfica circular suele ser de más de cuatro. [3]

Este gráfico se emplea para la representación de las categorías pertenecientes a variables cualitativas o cuantitativas discretas o discontinuas y solo puede asumir los valores de una variable. [4]

Elementos a considerar en su construcción:
- ➤ La totalidad de la información se representa por el número total de grados de un círculo (360°).
- ➤ Para obtener los grados correspondientes a cada categoría, se multiplica 3,6° por la frecuencia relativa utilizada.

Ejemplo de un gráfico de sectores:

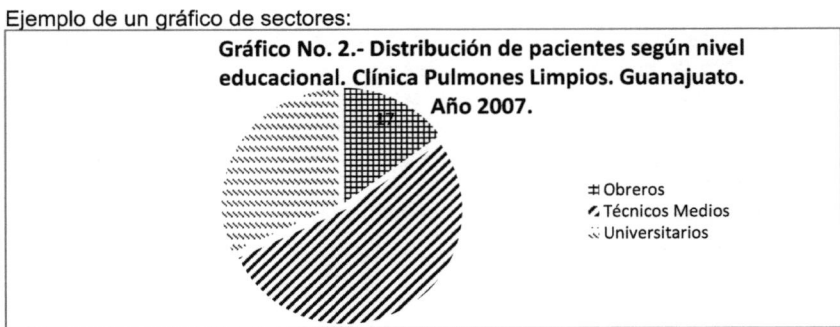

Gráfico No. 2.- Distribución de pacientes según nivel educacional. Clínica Pulmones Limpios. Guanajuato. Año 2007.

⊞ Obreros
⬡ Técnicos Medios
⬚ Universitarios

Fuente: Tabla No. 2

El gráfico de barras múltiples:

Este es un gráfico que se asemeja bastante al de barras simples, su complejidad adicional consiste en que el mismo permite la representación de dos variables, estas pueden ser: ambas de tipo cualitativas o ambas de tipo cuantitativas discretas, o una combinación de variables de los dos tipos aquí referidos, la información puede referirse lo mismo en frecuencias absolutas que relativas (proporción y porciento) o en medidas de resumen. Los datos deben representarse por medio de barras agrupadas, como se puede apreciar en el presente ensayo.

Elementos a considerar en su construcción:

➢ Cada categoría de la variable a ser visualizada en la base del eje de las X, contendrá tantas barras como categorías estén presentes en la segunda variable a representar.

➢ El número de grupos de barras a construir dependerá del número de categorías que presente la variable a ser visualizada en la base del eje de las X.

➢ La separación entre cada grupo de barras es más o menos equivalente a la mitad del ancho del grupo.

➢ Este gráfico se origina a partir de tablas bidimensionales, o sea: tablas en las que se representan los valores y la interrelación de dos variables sujetas a estudio.

Ejemplo de un gráfico de barras múltiples:

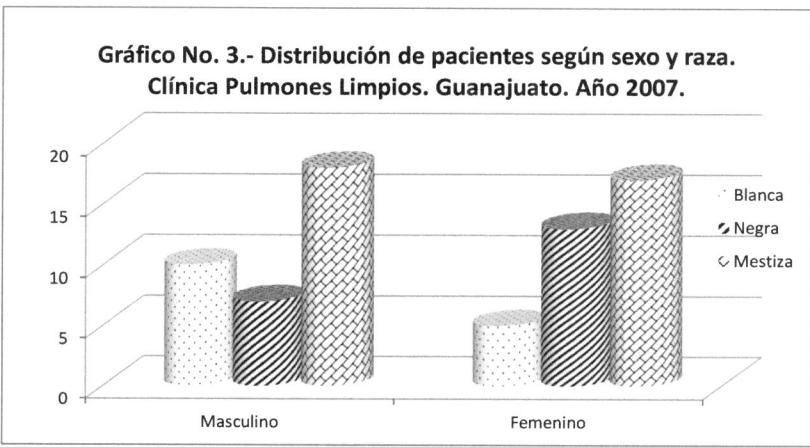

Fuente: Tabla No. 3

Nota del autor: Todos los gráficos presentes en este ensayo constituyen ejemplos hipotéticos, sus valores numéricos fueron escogidos arbitrariamente por el autor.

Como puede apreciarse, la creación y utilización de gráficos estadísticos es una manera de estimular la mente. Al crear sencillas gráficas de barras o líneas, los propios creadores aprenden a formularse preguntas muy pertinentes y a recopilar información sobre ellos mismos y su entorno. También se aprende a ordenar y a organizar objetos sobre la base de la información disponible. [5]

El gráfico de barras compuestas:

Este gráfico funciona distribuyendo el 100% del espacio disponible en cada una de las barras utilizadas para visualizar las categorías de una de sus variables, en función de los valores aportados por una segunda variable; teniendo en cuenta el valor proporcional o porcentual de las mencionadas cifras.

Al igual que el gráfico anterior, este es empleado cuando se desea representar dos variables, siempre y cuando ambas sean cualitativas, cuantitativas discretas o exista una de cada tipo en el gráfico. En este caso la información se expresa en frecuencias relativas porcentuales o proporcionales.

Elementos a considerar en su construcción:

> Cada barra representa el 100% de la información del grupo representado.

> El ancho de las barras es decidido por quien construye el gráfico, pero debe ser el mismo para todas las barras.

> La separación entre las barras es más o menos la mitad del ancho de las barras, para transmitir así la idea de discontinuidad y mejorar la estética.

> Lo originan tablas bidimensionales.

> Ninguna barra es más alta que otra en este gráfico.

> La representación de las barras puede hacerse por medio del eje de las X o por medio del eje de las Y, aunque la primera opción es la más común.

Ejemplo de un gráfico de barras compuestas:

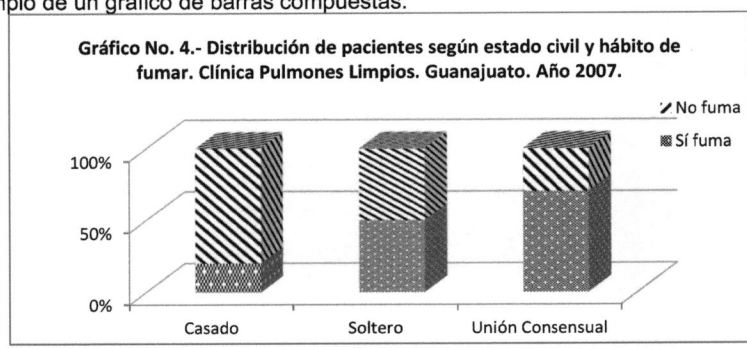

Gráfico No. 4.- Distribución de pacientes según estado civil y hábito de fumar. Clínica Pulmones Limpios. Guanajuato. Año 2007.

Fuente: Tabla No. 4

Nota del autor: Todos los gráficos presentes en este ensayo constituyen ejemplos hipotéticos, sus valores numéricos fueron escogidos arbitrariamente por el autor.

Algunas aclaraciones válidas para el trabajo con variables:

En el presente trabajo se puede apreciar que la elección del gráfico estadístico depende en muy buena medida del tipo de variable o variables que deban ser representadas. Salta a la vista la importancia que reviste el dominio de estas variables, sus características y clasificación, no solo para acompañar los informes finales de investigación del apoyo gráfico estadístico necesario, sino para lograr el mayor grado de corrección en el análisis e interpretación de los datos obtenidos a partir de los instrumentos de recogida de datos primarios.

Para comprender el concepto de variable es necesario partir del análisis del medio que circunda a cualquier espectador. En cualquier momento del día o de la noche, a un individuo dado le rodea un entorno heterogéneo compuesto por los más diversos objetos o unidades de análisis, estos pueden tener dimensiones diferentes, ser de distintos colores y formas, fechas de fabricación, procedencias diversas, entre muchas otras propiedades. Esto atributos o propiedades son atribuibles a cualquier individuo (porque las personas también pueden ser unidades de análisis), objeto o fenómeno, capaces de asumir valores muy disímiles e incluso cambiantes en función de otros factores que influyen sobre ellos; son precisamente a estos elementos los que se denominan variables.

Una variable es una característica, rasgo o atributo susceptible de ser medida o analizada a partir de las unidades de análisis que se estudian, que toman diferentes valores o niveles de intensidad, en dependencia de cuál sea la unidad de medida empleada. [6]

En opinión de algunos autores, "…toda característica inherente a los objetos y fenómenos que nos rodean puede ser una variable: los colores de las cosas, la estatura de nosotros, la altura de las edificaciones, el volumen de los recipientes, el sexo, la cantidad de autos que pasan la noche en el parqueo de la esquina, o los países ganadores de las Copas Mundiales de Boxeo; en fin, resultaría interminable la lista…". Estos mismos autores llaman la atención sobre el hecho de que estas características pueden asumir valores diferentes, dependiendo del objeto o fenómeno observado y eso es lo que las convierte en variables. [6]

Clasificación de las Variables:

Las variables pueden ser de dos tipos: cualitativas y cuantitativas. Las variables cualitativas se clasifican a su vez en nominales y ordinales, en tanto que las variables cuantitativas se clasifican a su vez en discretas y continuas. [7]

Variables cualitativas: Son todas aquellas que hacen alusión a una propiedad o atributo que no susceptible de ser numéricamente medible, como por ejemplo: la nacionalidad, el credo de una persona, su color de piel, sexo, entre muchos otros.

A su vez, las variables cualitativas pueden ser:

Nominales: Estas variables asumen valores consistentes en propiedades o atributos que, debido a su naturaleza, no admiten ser ordenados de una forma preconcebida y no transmiten ninguna idea de intensidad u ordenamiento [6]. En estos casos se encuentra: sexo (masculino y femenino); carrera cursada: economía, contabilidad, administración; estado civil: casado, soltero, viudo, divorciado, unión consensual, etcétera.

Ordinales: son aquellos que corresponden a evaluaciones subjetivas que se pueden ordenar o jerarquizar. Por ejemplo: en una competencia artística las posiciones de los ganadores se ordenan o jerarquizan en primer lugar, segundo lugar, tercer lugar, cuarto lugar, etc. [7]

Variables cuantitativas: son aquellas que tienen valor numérico como la edad, el precio de un producto, ingresos anuales de un consumidor, etc. [7]

A su vez, las variables cuantitativas pueden ser:

Discretas: estas son aquellas que sólo pueden tomar valores enteros como 1, 2, 8, -4, etc. En este sentido, los hermanos en una familia podrán ser: 1, 2, 3..., etc. Sin embargo, nunca podrán ser 1,5 o 2,3 [7]. Las camas de la sala 10B de un hospital X pueden ser 5, de ellas 3 pueden estar ocupadas, pero no se pueden ocupar 2,75 camas en esa sala.

Continuas: son aquellas que pueden tomar cualquier valor real dentro de un intervalo o rango. Por ejemplo, los litros de leche ordeñados podrán ser 1,5 o 10,3 etc. (7)

Otras formas interesantes de variables:

A lo largo de los años, los investigadores se han tropezado en su duro bregar, con un conjunto de otras variables que constituyen otras "...fuentes de variación que se suelen llamar variables extrañas..." [8], estas pudieran ser algunos casos que no son de interés para el investigador o sobre las cuales no se puede ejercer un control cercano y directo, sobre todo cuando no se está trabajando en condiciones controladas de laboratorio. Estas se pueden dividir en:

> ➢ *"Variables controladas por el diseño de investigación. Por ejemplo, se puede controlar la influencia de la edad o del sexo tomando todos los sujetos de la misma edad y sexo."* [8]

> ➢ *"Variables perturbadoras: son variables que no podemos controlar y que pueden ser confundidas con las variables explicativas. Por ejemplo, si tenemos un diseño para ver la diferencia de aprendizaje de un idioma con un determinado método de enseñanza y hay algunos alumnos que pertenecen a familias que hablan dicho idioma, perturbarán los resultados del trabajo."* [8]

> ➢ *"Variables aleatorizadas: son variables extrañas no controladas por el diseño pero que se tratan como errores aleatorios. Por ejemplo, si tenemos una investigación para ver la influencia de un método de enseñanza y no podemos medir la inteligencia de los alumnos, como ésta es una variable que tiene influencia sobre el aprendizaje, la controlamos eligiendo al azar los niños que tomarán parte en el estudio."* [8]

CONCLUSIONES:

Algunos informes finales de investigación, debido al grado de complejidad que presentan, así como a los métodos y técnicas empleados en su diseño metodológico, demandan un conjunto complejo de gráficos estadísticos que destaquen sus resultados y hallazgos más importantes, inmersos en la enmarañada madeja de datos del estudio, toda vez que estos gráficos estadísticos constituyen un magnífico complemento de las tablas o cuadros estadísticos que les dan origen.

Aunque en el ámbito estadístico se puede encontrar una amplia variedad de gráficos, empleados con fines muy diversos y en la actualidad ha proliferado una amplia variedad de sistemas automatizados y paquetes estadísticos que permiten la generación de gráficos estadísticos. En todos los casos el usuario deberá pulir los detalles de cada gráfico construido por el sistema, así como escoger qué tipo de gráfico es el más aconsejable para cada caso. No se debe permitir que los softwares asuman todo el trabajo sin que el resultado final sea valorado por un experto.

Existe un conjunto básico de elementos que componen a casi todo gráfico, entre ellos se encuentran: la identificación, el título, la fuente de donde provienen los datos (tabla que le dio origen), así como las notas explicativas y la leyenda. Entre los gráficos más empleados en el ámbito de la salud, se encuentran: los gráficos de barras simples, múltiples y complejas, los de sectores, el histograma, entre otros.

En el presente trabajo se puede apreciar que la elección del gráfico estadístico depende en muy buena medida del tipo de variable o variables que deban ser representadas. Salta a la vista la importancia que reviste el dominio de estas variables, sus características y clasificación, no solo para acompañar los informes finales de investigación del apoyo gráfico estadístico necesario, sino para lograr el mayor grado de corrección en el análisis e interpretación de los datos obtenidos a partir de los instrumentos de recogida de datos primarios.

CONCLUSIONS:

Some final research reports, due to the degree of complexity they present, as well as the methods and techniques used in their methodological design, demand a complex set of statistical graphs that highlight their most important results and findings, immersed in the in data matrix of the study, since these statistical graphs constitute a magnificent complement of the statistical tables that give them origin.

Although in the statistical field ones can find a wide variety of graphics, used for very diverse purposes and currently a wide variety of automated systems and statistical packages have proliferated that allow the generation of statistical graphics. In all cases, the user must polish the details of each chart constructed by the system, as well as choose which type of chart is the most advisable for each case. The software should not be allowed to assume all the work without the end result being valued by an expert.

There is a basic set of elements that make up almost every graphic, among them are: the identification, the title, the source from which the data come (the table that gave rise to it), as well as the explanatory notes and the legend. Among the most used graphics in the field of health, are: simple bar graphs, multiple and complex ones, those of sectors, the histogram, among others.

In the present work it can be appreciated that the choice of the statistical graph depends very much on the type of variable or variables that must be represented. The importance of the domain of these variables, their characteristics and classification, not only to accompany the final research reports of the necessary statistical graphic support, but also to achieve the highest degree of correction in the analysis and interpretation of the data, obtained from the primary data collection instruments.

REFERENCIAS BIBLIOGRÁFICAS:

1.- Coordenadas cartesianas. En: Wikipedia, la enciclopedia libre [Internet]. 2018 [citado 28 de febrero de 2018]. Disponible en: https://es.wikipedia.org/w/index.php?title=Coordenadas_cartesianas&oldid=1057065 55

2.- Martínez M. Cómo crear un gráfico de barras verticales [Internet]. uncomo.com. [citado 28 de febrero de 2018]. Disponible en: https://tecnologia.uncomo.com/articulo/como-crear-un-grafico-de-barras-verticales-1321.html

3.- Gráfico circular. En: Wikipedia, la enciclopedia libre [Internet]. 2018 [citado 28 de febrero de 2018]. Disponible en: https://es.wikipedia.org/w/index.php?title=Gr%C3%A1fico_circular&oldid=105673154

4.- Facultad de Estudios Superiores Cuautitlán. Gráfica de pastel [Internet]. Universidad Nacional Autónoma de México. Facultad de Estudios Superiores Cuautitlán; [citado 20 de febrero de 2018]. Disponible en: http://asesorias.cuautitlan2.unam.mx/Laboratoriovirtualdeestadistica/DOCUMENTOS/TEMA%201/5.%20GRAFICA%20DE%20%20PASTEL.pdf

5.- Colorín Colorado. Proyecto nacional de multimedia. Creación de gráficas de barras [Internet]. Colorín Colorado. 2011 [citado 28 de febrero de 2018]. Disponible en: http://www.colorincolorado.org/es/articulo/creaci%C3%B3n-de-gr%C3%A1ficas-de-barras

6.- Bayarre H, Hersford R, Maritza O. Estadística descriptiva y estadística de la salud. Primera Edición. Vol. 1. Ciudad de la Habana: Editorial Ciencias Médicas; 2005. 32-45 p.

7. Fortun M. Estadística: Variables y su clasificación [Internet]. Estadística. 2012 [citado 1 de marzo de 2018]. Disponible en: http://materiaestadistica.blogspot.com/2012/01/variables-y-su-clasificacion.html

8.- Benítez E. Las variables en la estadística [Internet]. Que no te aburran las M@TES. 2013 [citado 1 de marzo de 2018]. Disponible en: https://matesnoaburridas.wordpress.com/2013/12/25/las-variables-en-la-estadistica/